Introduction

LES PREMIERS PONTS utilises par l'homme étaient dus a la nature : ici, une voute naturelle causée par l'érosion, la un arbre tombe ou bien encore une liane reliant deux arbres et enjambant un gouffre ou un cours d'eau. Des pierres entassées de place en place dans le courant formèrent ,pour les ponts plus larges franchissant des rivières , des supports intermédiaires appelés piliers .

On plaça ensuite sur les piliers des poutres de bois ou de longues pierres plates de façon a obtenir un pont continu. Sous des climats plus chauds, on tressa des cordages avec des fibres extraites d'herbes, de lianes ou de tiges et on les attacha au-dessus de gouffres ou de cours d'eau pour obtenir de primitifs ponts suspendus. De tels ponts sont toujours en usage au Tibet, en Inde, au Pérou et en quelques autres régions. En l'an 4000 av. J.C l'homme savait déjà placer des pierres de façon a formé une voute qui franchit un espace déterminé.

La Voûte en maçonnerie connut son apogée au temps des Romains qui furent les plus grands constructeurs de ponts de l'antiquité. Beaucoup de ponts romains en arc existent encore actuellement, tel le pont du Gard, a Nîmes, en France ; il fut construit a l'époque du christ et servait d'aqueduc pour alimenter la ville en eau.

Des Siècles durant, après la chute de l'empire romain d'Occident, au 5e siècle de notre ère, on construisit peu de nouveaux ponts, et beaucoup les plus anciens s'écroulèrent, faute d'entretien satisfaisant. L'art de construire des ponts connut un renouveau au début du 12ᵉ siècle et l'on bâtit nombre de beaux ponts en arc, en maçonnerie.

Pendant la renaissance, on construisit quelques ponts célèbres. Le pont du Rialto, franchissant Le Grand canal a Venise, fut construit en 1591. Le Pont de Santa Trinita (Sainte trinité) sur l'Arno, a Florence, Fut achevé en 1569, puis il n'y eut que peu de progrès jusqu'au 18ᵉ siècle .L'architecte Hubert Gauthier écrivit un traite détaillé sur les ponts en 1714. En 1747, la première en date des écoles d'ingénieurs dans le monde fut fondée à Paris ; c'était la célèbre Ecole des ponts et chaussée. La réalisation de ponts métalliques est un autre fait marquant du 18ème siècle. En 1779, Abraham Darby et John Wilkinson lancèrent le pont de Coalbrookdale, sur la Savern, en Angleterre .Il était en fonte et sa travée mesurait 30 mètres. Le fer devint au cours du 19e siècle le matériau de prédilection pour la construction des ponts, particulièrement pour celle des grands ponts l'essor des chemins de fer de la première moitie du 20e siècle posa des problèmes nouveaux aux ingénieurs, car les locomotives et les trains étaient bien plus lourds que les véhicules qui

Franchissaient les ponts auparavant. Il fallut désormais construire des arches plus solides et plus rigides.

Au cours de la seconde moitié du 19e siècle , on inventa et mis en pratique les procédés Bessemer et Martin-siemens permettant de produire économiquement l'acier qui, peu a peu remplaça le fer .avant de construire a paris la célèbre tour qui porte son nom, Gustave Eiffel s'était déjà illustre comme constructeur de ponts en fer et en acier .Ses plus fameuses réalisations furent , en 1877, un pont sur le Douro, au Portugal, et en 1884, le viaduc de Gabarit. Avec sa longueur totale de 550 mètres, sa portée de 165 mètres et sa hauteur de 122 mètres, ce pont était d'une audace inouïe pour l'époque.

Depuis 1900, l'acier a pratiquement supplanté le fer dans la construction des ponts. Le béton armé y a également joue un rôle important depuis le 20e siècle. Les fondations et les piliers de presque tous les grands ponts actuels sont en béton armé. On utilise aussi béton ordinaire pour les ponts en arc et les ponts de bateaux. Le béton précontraint prend maintenant de plus en plus d'importance dans la construction des ponts.

Les ponts actuels présentent une grande variété de formes et de conceptions. Les uns ne possèdent qu'une arche reliant les supports terminaux appelés butées ou culées.

D'autres peuvent comprendre plusieurs arcs ; en plus de buttées, il y a alors des supports intermédiaires formes de piliers .on peut aussi différencier les ponts d'après la position du tablier par rapport a la superstructure, c'est-a-dire la partie du pont reposant sur les culées ou les piliers .les ponts a tablier inferieur ont une superstructure s'élevant au-dessus du tablier, alors que les ponts a tablier supérieur ont une superstructure située sous le tablier .On peut classer tous les ponts dans l'une ou l'autre des catégories suivantes :les ponts fixes les ponts mobiles et les ponts mobiles et les ponts flottants. Nous allons maintenant examiner successivement ces trois catégories.

La plupart des ponts sont fixes, en acier, en béton armé ou en bois

Comme leur nom l'indique, les ponts fixes sont conçus pour demeurer de façon permanente dans la position de leur construction initiale. Erigés au dessus des voies navigables, ils sont construits de manière à permettre de passage des navires.

Lorsqu'une voie navigable est élargie ou approfondie pour le passage de navires plus importants, il peut se faire que l'on soit oblige de surélever le pont, comme ce fut le cas pour le pont Jacques Cartier, a Montréal, lors de la réalisation de la voie maritime du Saint-Laurent .Lorsque les cours d'eau qu'il franchissent ne sont pas navigables, on construit le pont de façon a ce que le point le plus bas de la superstructure soit a un niveau constamment plus élevé que celui des plus hautes eaux.

Les ponts fixes sont en acier, en béton armé ou en bois .La travée (distance entre les supports) maxima permise dépend du matériel employé pour la construction.

A quelques exceptions près, en particulier dans les ponts en arc, on peut utiliser l'acier ou le béton armé pour les travées inferieures à 300 mètres.

Si les circonstances le permettent, on peut utiliser le bois pour des portées inferieures à 7,50 mètres. On distingue quatre catégories de ponts fixes : a poutres ou a longerons ; métalliques, a poutres armées ou a treillis ; en arc ; et enfin les ponts suspendus.

Les ponts à poutres et à longerons

Une poutre est un longeron horizontal de charpente, reliant deux supports ; elle peut être en bois, en béton ou en acier lamine une poutre a âme pleine en acier peut être obtenue directement par laminage, on l'appelle alors poutre simple ; ou encore par construction, on l'appelle alors poutre composée pleine. Dans l'un et l'autre cas, elle comprend deux ailes reliées par une membrure perpendiculaire appelée amé. L'ensemble, en coupe, a la forme d'une 1 majuscule. Lorsque la poutre est construite, L'âme est attachée aux ailes par soudure ou par rivetage. On peut alors river ou souder des cornières (barre d'acier lamine dont la section est en forme d'angle droit) ou des tôles sur l'âme, de façon a en augmenter la rigidité .On peut également fabriquer des poutres en béton.

Dans la construction des ponts , on place deux ou plusieurs poutres simples ou composées sur des supports communs et on les relie par des longerons perpenduculaires. les ponts a poutres ou a longerons peuvent être simples : ils reposent seulement sur deux appuis ; ou continus ; ils reposent alors sur trois appuis ou même davantage. La portée d'une arche d'un pont a poutres est généralement limitée a environ 38 mètres. On peut cependant augmenter sa capacité de charge par construction composite.

Le pont continu a longerons le Niagara au point de ses fameuses chutes, dans l'état de New-York, a une portée de 135 mètre. Le pont sur l ;a Save en Yougoslavie, a une portée principale de 285 mètres .On a pu obtenir de telles portées grâce a l'emploi d'aciers a haute résistance et de planchers a tôles d'aciers très légères et striées.

Ponts à poutre ou à treillis

Les poutres armées ou a treillis sont des pièces de charpente reposant sur des supports ; cette charpente est formée de triangles entre croises. La raison de l'emploi du triangle comme unités de base de la charpente est la suivante : un triangle de dimension donnée ne peut prendre d'autres formes. Par conséquent, une construction basée sur des triangles sera rigide. On appelle semelle supérieure les membrures supérieures de la poutre, semelle inferieure les membrures inferieures et âme les verticales et diagonales. Les deux poutres parallèles formant une arche en treillis sont reliées par des membrures perpendiculaires.

Durant des siècles, les dimensions des poutres a treillis et leur disposition étaient déterminées par des règles empiriques basées sur l'existence acquise. Ce n'est qu'au cours des cent dernières années, ou a peu près, qu'on a pu avoir une idée nette des efforts auxquels étaient soumises les poutres a treillis .ce genre de poutre se prête assez bien a la construction en cantilever, ou bien encore en console. Dans ce cas, il y a une extension, ou porte-à-faux s'appelle un bras en console ou en cantilever. Il existe divers types de ponts cantilevers. L'un des types les plus familiers comprend trois travées, reposant sur deux piliers et sur deux et sur deux culées. Dans ce cas les deux poutres extrêmes reposent chacune sur une culée et sur un pilier. La poutre médiane est suspendue aux deux poutres extrêmes. Les ponts sur le Mississipi, et a East Saint Louis, Illinois, et, sur le Saint-Laurent, le pont Jacques Cartier a Montréal, et le pont de Québec, sont de parfaites illustrations de ce type de pont. Le pont du Firth of Forth sur le Firth (estuaire) du Forth a Edimbourg(Ecosse),est un des plus célèbres ponts en poutres a treillis. Il franchit deux vastes étendues d'eau ainsi si qu'une ile située au milieu de l'estuaire. Sa plus longue portée est d'environ 570 mètres. Il est intéressant de noter que pour les travées a poutres en treillis simples et cantilever, un affaissement limite des culées ou des piliers n'affecte pas les charges des poutres .Par contre, un affaissement des appuis des portées de ponts continus provoque une redistribution des charges dans les poutres et il peut en résulter des ennuis .On construit donc des ponts de ce type en des endroits ou le sol offre des garanties suffisantes de résistance afin d'assurer un minimum d'affaissement des appuis.

Les ponts en arc et leur construction

On utilise le principe du pont en arc depuis quelque dix mille ans. Dans ce type de pont, l'élément supportant la charge est la voute de l'arc. Les efforts sont ensuite transmis aux appuis, de chaque cote du pont, par compression de la voute, ce qui produit une poussée vers l'extérieur aux deux extrémités de la portée .Lorsque les fondations du pont sont telles que la poussée horizontale de l'arc puisse être facilement absorbée, comme c'est le cas pour des gorges rocheuses profondes, le pont en arc est le plus économique.

Actuellement l'un des matériaux les plus employés pour ce genre de pont est l'acier. On emploie également les poutres a âme pleine ou les poutres en treillis, qui sont toutes deux galbées de manière a former l'arc. Les extrémités de l'arc reposant sur les appuis peuvent être rigides ou, au contraire , être articulées de manière a permettre une certaine rotation autour du point d'appui. Dans certains cas, l'arche de support a une poutre horizontale grâce a des colonnes d'appuis intermédiaires. La semelle supérieure de cette poutre sert de plancher pour la route ou les voies de chemin de fer. Dans d'autres cas la poutre horizontale est littéralement suspendue a l'arche. Lorsque les conditions du terrain ne permettent pas l'établissement de fondations convenant aux ponts en arc habituels, on relie les extrémités de l'arche par une poutre horizontale destinée a supporter dues a l'arche. Il ne subsiste alors que des poussées verticales s'exerçant au droit des appuis.

La construction moderne des ponts en arc fait largement appel au béton armée. Au cours des dernières années le béton précontraint a, de son cote, donne entière satisfaction. On obtient ce béton en soumettant a une certaine tension les ronds(barres rondes) noyés dans un béton a haute résistance durant la prise de ce dernier .La construction en béton des ponts en arc a grande portée présentait une difficulté majeure. Il fallait soutenir, jusqu'à ce que le béton fût bien pris, les anneaux extrêmement lourds qu'on avait coules. On a maintenant surmonte cet obstacle en réalisant des anneaux, au lieu d'être pleine, est constituée de deux semelles, reliées par de minces cloisons verticales, dont la masse et le volume sont moins grands.

Les ponts suspendus : leur beauté, leur résistance

Ce type de pont est remarquable par la portée de ses travées, qui dépasse de loin celle de tous les autres types de construction. Le premier matériau utilise pour ce type fut le fer, lorsqu'on construisit, en 1741, le pont de Wynch sur la Tees, en Angleterre. Les câbles de ce pont étaient faits de chaines ; le plancher reposait directement sur ces chaines. Le premier pont a plancher suspendu a des câbles aériens fut construit en 1801 au-dessus de Jacob's Creek, en Pennsylvanie, par James Finley. Au cours des années qui suivirent, les ponts suspendus atteignirent leur plein développement aux Etats-Unis ; on peut en quelque sorte considérer ce pont comme une création de l'ingénieur américain.

Le principe de construction du pont suspendu est assez semblable à celui de la corde a linge de la ménager aux lieu et place du câble a linge, le pont possède un câble, de nombreux brins de fil a haute résistance, supportant un tablier suspendu. A chaque extrémité, le câble est fixe a des ancrages résistant a sa traction. L'ancrage est généralement en maçonnerie ou en béton ; il est cependant parfois possible d'ancrer les câbles directement dans le roc. Entre les ancrages se trouvent deux pylônes supportant le poids du câble et de toute la superstructure. Les pylônes modernes sont en acier et reposent sur des piles en maçonnerie ou en béton. Des tirants verticaux relient le tablier aux câbles, réalisant la suspension. Certains ponts suspendus ont plusieurs pylônes reposant chacun sur un pilier ; ils sont alors faits d'une succession de tabliers suspendus entre deux pylônes consécutifs. Pour une portée et une charge données, la tension résultante du câble est inversement proportionnelle à sa flèche ; plus la flèche est grande, plus la tension est faible. On considère généralement comme souhaitable d'avoir une flèche égale au dixième de la portée. La flexibilité du câble entraine la nécessite de prévoir un tablier rigide, fait de poutres entretoisées, de poutre en treillis. Le poids des véhicules a âme en treillis ou de poutres en treillis. Le poids des véhicules se trouve ainsi reparti sur une plus grande fraction du câble et réduit l'oscillation possible du pont. Dans certains cas, par contre, lorsque les câbles sont particulièrement gros et, par suite, ont eux-mêmes une certaine raideur, on supprime les membrures de raidissement. Lorsque la flexibilité propre aux ponts suspendus n'a été compensée par des dispositions appropriées, on peut aller au devant d'un véritable désastre .L'effondrement du pont de Tacoma Narrows, a Tacoma, dans l'état de Washington, en est un exemple célèbre .par suite de sa largeur relativement faible était extraordinairement flexible et, a certains moments oscillait sensiblement sous l'effet du vent. Sa stabilité n'était pas suffisante et sa résistance ne pouvait faire face aux efforts causes par le vent .En Novembre 1940, quatre mois après a son achèvement, il s'effondra au cours d'un coup de vent soufflant a une vitesse de 42 milles a l'heure. Un nouveau pont fut reconstruit sur les anciens piliers en 1948-50 .par contre, les ponts suspendus correctement conçus et exécute présentent une grande sécurité et résistent parfaitement .Le pont de Brooklyn, a New-york, construit en 1883, en est une heureusement illustration. Cette gracieuse construction, avec une travée principale de 530 mètres, satisfait toujours aux besoins malgré les exigences accrues du trafic moderne. Parmi les ponts suspendus les plus longs(qui se trouvent presque tous au Etats-Unis), on peut citer le *verrazano-Narrows Bridge,* a l'entrée du port de New-York, dont la travée principale a une portée de 1,298 mètres (4,260 pieds), le *Mackinac Straits Bridge*, a san Francisco, Californie (1,280 mètres, soit 4,200 pieds), le Mackinac Straits Bridge, Michigan (1,158 mètres, soit 3,800 pieds), le George Washington Bridge a New-York (1,067 mètres, soit 3,500 pieds) le nouveau Firth of Forth Bridge en Ecosse (1,005 mètre , soit 3,300 pieds).

Les principaux types de ponds mobiles

Dans bien des cas il n'est pas souhaitable, que ce soit pour une raison de prix de revient ou toute autre raison, de construire un pont fixe suffisamment élève, au dessus d'une voie navigable, pour satisfaire aux exigences de la hauteur libre a respecter sous le pont. On construit alors des ponts a travée mobile. Les trois types principaux de ponts mobiles sont : les ponts tournants ou pivotants, les ponts a bascule et les ponts levants. D'autres types que l'on rencontre moins souvent existent

Aussi .les ponts rétractables se déplacent horizontalement .Les ponts transbordeurs comportent une plate-forme mobile, suspendue a un tablier fixe sureleve.les ponts de bateaux sont quelquefois construis de telle sorte qu'une partie puisse faire office de portière, ce qui n'entrave pas la navigation. La travée mobile d'un pont tournant pivote autour d'un axe vertical ; celle d'un pont a bascule tourne autour d'un axe horizontal et se révèle verticalement .Les tabliers mobiles ne sont pas construits en béton car ils seraient trop lourds, mais en acier, ce qui a pour effet de réduire d'une manière sensible les frais d'opération. Dans le même but, les planchers de ces travées sont a claire-voie ou en matériaux légers.

Ponts tournants. La superstructure de ces ponts consiste en une poutre ou un treillis reposant sur un pilier central sont en opération, la superstructure, supportant la charge roulante, repose sur les trois piliers. Lorsqu'on désire dégager le passage, on fait pivoter l'ensemble sur le pilier central qui sert d'axe ; on dégage ainsi les piliers extrêmes et l'on place le pont perpendiculairement a sa position d'opération.

L'ensemble du mécanisme de mise en œuvre est loge sur le pilier central.

Ponts basculant ou a bascule .On a, au cours des dernières années, largement fait appel a des ponts a bascule particulièrement pour le trafic automobile. La construction habituelle lie le tablier basculant a un contrepoids afin de réduire les efforts a fournir pour faire basculer le pont. Un système d'engrenage permet de mouvoir le pont autour de son axe de manière a l'amener a une position presque verticale. Les ponts a bascule sont simples ou doubles .ces derniers, appelés ponts ouvrants, comprennent deux tabliers mobiles, chacun autour d'un axe horizontal situe sur une rive de la voie d'eau et se rejoignant au milieu de cette voie. Ils sont verrouilles de façon a formé un tablier continu dans la position voisine de la verticale. Le fameux pont de la tour de Londres, le *london Bridge,* en est un exemple bien connu. Pont levant. Au cours des années 70 dernières années, les ponts levants ont, sur les lignes de chemin de fer, graduellement remplace les ponts tournants en raison de la plus grande rapidité de leur déplacement et aussi de leur portée supérieure. Les mêmes raisons ont également permis leur emploi très fréquent pour les routes a grande circulation.

Le pont victoria, a Montréal, qui fut construit en 1860, passait au-dessus du Saint Laurent La ou il n'était plus navigable .lors de la construction de la voie maritime du Saint Laurent , près de cent ans plus tard, il a fallu , pour lui faire franchir les écluses a son extrémités sur , construire une voie dérivation et deux ponts levants qui permettent de faire passer les bateaux dans le bief sans arrêter le flot des véhicules qui passent d'une rive a l'autre du fleuve.

Le pont levant habituel comporte une travée comprise entre deux pylônes. pour équilibrer le poids mort de la travée on utilise généralement des contrepoids , un a chaque pylône .Le contrepoids et l'extrémité de la travée a laquelle il fait equilibre sont relies par des câbles d'acier qui passent sur les poulies placées en haut des pylônes .On emploie généralement quatre poulies, une a chaque extrémité de la travée . La travée est alors virtuellement suspendue aux pylônes par l'intermédiaire des câbles des contrepoids .Dans la position basse, le tablier repose sur deux semelles assez résistantes pour supporter large roulante. Il s'ensuit que l'effort nécessaire pour mouvoir le tablier repose sur deux semelles assez résistantes pour supporter la charge roulante. Il s'ensuit que l'effort nécessaire pour mouvoir le tablier, que ce soit vers le haut ou le bas, est relativement faible ; il doit être légèrement supérieur aux forces de friction du mécanisme de mise en œuvre et des paliers des poulies.

On peut classer les ponts levants deux catégories ; ceux commande logée dans le tablier et ceux a commande logée dans les pylônes .dans les ponts levants a commande logée dans le tablier, les moteurs et le mécanisme sont habituellement loges au milieu du tablier. La puissance est généralement transmise aux extrémités du tablier par des câbles enroules sur des tambours au milieu de la travée et reliant des poulies situées aux extrémités de celle-ci. Au cours des dernières années, la puissance est généralement transmise aux extrémités du tablier par des câbles enroules sur des tambours au milieu de la travée et reliant des poulies situées aux extrémités de celle-ci. Au cours des dernières années, la puissance a également été transmise par un arbre rigide reliant le mécanisme central aux deux extrémités. Dans les ponts levants a commande logée dans les pylônes les organes moteurs et le mécanisme se trouvent dans chacune des tours. La charge supportée par le tablier est donc moindre , ce qui permet de l'alléger puisqu'il n'a pas supporter le poids des organes moteurs et de la transmission. Les économies qui en résultent compensent partiellement , voire entièrement, le cout plus élève entraine par l'équipement électrique nécessaire a la synchronisation des mouvement de la travée dans un pont levant a commande logée dans les tours .

Les ponts de bateaux ou de pontons

Les ponts de bateaux ont été largement utilises au cours des opérations militaires depuis les temps les plus recules. Pour les besoins temporaires d'une armée, ils sont habituellement faits de pontons ou de bateaux mis en place de telle sorte que leurs centres soient écartes d'environ 5 mètres. Des poutres relient les bateaux et font office de support pour le plancher du pont. Chaque ponton ou bateau est maintenu en place par un système d'ancres qui peut résister aux forces produites par le courant.

Des ponts de bateaux ont également été construits pour répondre aux besoins de la circulation automobile. Le pont du lac Washington, a Seattle, dans l'état de Washington, achève en 1939, est long de 2000 mètres ; il porte une route a quatre voies et peut supporter les camions modernes les plus lourds. Il est fait d'une série de pontons en béton relies rigidement d'un bout a l'autre ; une travée centrale mobile permet le passage des navires. Des câbles relient chaque cote des pontons a des ancres fixées au fond du lac et a une distance du pont. Les câbles d'ancrage ont assez de flèche pour permettre un débattement vertical pratiquement libre du pont. Le principal avantage d'un pont de bateaux tel que celui-ci est le cout de sa construction, inferieur a celui d'un pont fixe.

www.ingramcontent.com/pod-product-compliance
Lightning Source LLC
Chambersburg PA
CBHW030554220526
45463CB00007B/3080